はじめに

みなさんは、じっくりと夜空を見上げたことはありますか？ 街あかりによって夜の空が明るくなった最近は、星座を形づくる星たちの輝きもうもれてしまいがちです。でも、目が夜空に慣れるまでじっくりと見ていると、やがて星たちの光が見えてくるでしょう。

そんな美しい夜空をながめていると、そこに果てしなく広がる宇宙に興味がわいてくるかもしれません。みなさんのなかに「もっと宇宙のことが知りたいな」と思ったことがある人はいませんか？ また、「宇宙っておもしろそう！ でも、理科や科学は苦手だし、きっとむずかしいだろうな」とあきらめてしまった人はいませんか？

この本は、そんな人たちに向けてつくった天文の超入門書です。「天文」というのは、宇宙にある天体や、天体がおこす現象をさす、むかしからあることばです。宇宙には、星座を形づくる星以外にもたくさん

の天体があり、数えきれないほどの不思議がつまっています。

　この本には、天体やその地形・現象などが、親しみやすい天文キャラクターになって登場します。キャラクターはみんなそれぞれ特徴をもっていて、そのかわいらしさにほほえみながら、あるいはそのユニークさに思わずふき出しながら、楽しく天文についてまなべます。また、ちょっとばかりむずかしい天文学の知識についても、とってもやさしく説明していますので、楽しいだけでなく、しっかり天文についてまなぶことができます。

　この本を片手に、夜空を見上げてみましょう。宇宙の不思議がまるごとわかれば、いままでの夜空とはずいぶんとちがって見えるかもしれませんよ。

国立天文台教授・副台長　渡部潤一

もくじ

- はじめに …… 2
- この本の見方 …… 6
- 天文たんけん隊 …… 7
- 天文のキホン …… 8

太陽と太陽系の惑星・衛星 …… 12
- 太陽ちゃん …… 14
- 地球くん …… 16
- 月ひめさま …… 18
- 水星ぼうや …… 20
- 金星ねえさん …… 22
- 火星ちゃん …… 24
- 木星さん …… 26
- 土星くん …… 28
- 天王星プリンセス …… 30
- 海王星プリンス …… 32

太陽系の小さな天体 …… 34
- 準惑星グループ …… 36
- 小惑星キッズ …… 38
- 彗星さん …… 40
- 流星ちゃん …… 42

宇宙を照らす恒星の一生 …… 44
原始星ぼうや …… 46
主系列星さん …… 48
赤色巨星じいちゃん 赤色超巨星じいさん …… 50
超新星さま …… 52
ブラックホールくん …… 54

銀河と銀河をつくる天体 …… 56
星座ちゃん …… 58
星団コンビ …… 60
星雲くん …… 62
銀河さま …… 64

宇宙の歴史・なぞ・観測 …… 66
ビッグバンかあさん …… 68
ダークマターさん …… 70
ダークエネルギーさん …… 72
天体望遠鏡くん …… 74

天文キャラクターリスト …… 76

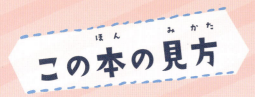

この本の見方

この本には、宇宙に存在する天体やその地形・現象など、天文にかかわるさまざまなキャラクターが登場します。それぞれどんなものなのか、どのような特色があるのかをキャラクターたちが紹介していきます。

- 天体などのおもな特色をひと言であらわしているよ。
- 天体などの名前だよ。
- 天体などのイメージをイラストにしたキャラクターだよ。
- 天体などのおもな特色や成り立ちを説明しているよ。
- 天体などのさまざまな特色や具体例を紹介しているよ。
- 天体などの特徴を簡単に紹介しているよ。

「基本データ」では、天体の「太陽からの平均距離」「直径」「質量」「重力」「公転周期」「自転周期」「表面温度」をまとめているよ。

＊「重力」は各天体の表面における重力をしめしている。
＊「自転周期」は各天体の赤道における周期。また、「公転周期」「自転周期」の日数・年数などは、地球における時間でしめしている。
＊「月」は「地球からの平均距離」「地球に対する公転周期」をしめしている。

「天文トリビア」では、天体などに関係する、ためになる豆知識を紹介しているよ。

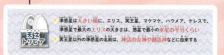

「○○のファミリー」では、天体の地形や現象など、関係が深い天文キャラクターを紹介しているよ。

「知りたい！天文学」では、天文についてよりくわしく説明しているよ。

天文たんけん隊

天太

文代

理科が苦手で、とくに天文の授業が大きらいな男の子。いままで夜空をちゃんと見たことがない。

夜空の星をながめるのが大好きな女の子。天体観測に興味があり、天体望遠鏡をほしがっている。

テンモン星人

科学がとても進んだ星にくらす宇宙人。地球のみんなに、もっと天文について知ってもらいたいと思っている。

 文代「今日は空気がすんでいて、夜空の星がとってもキレイだわ！」

 天太「また、星を見ているのか？ 文代はほんとうに天文が好きなんだな」

 文代「天体望遠鏡でもっといろんな星が見たいわ！ 天太も天体観測すれば、理科の成績が少しは上がるんじゃない？」

 テンモン星人「天体について知りたいのなら、ぼくのＵＦＯに乗って、天文たんけんに行こう。その前に『天文のキホン』を説明するよ！」

天文のキホン

みなさんは、「天文」についてどのくらい知っていますか？ 果てしなく広がる宇宙には、そこに輝く星の数と同じくらい、たくさんの不思議があります。天文のことを知り、宇宙の不思議がよくわかれば、夜空を見上げることがもっと楽しくなるはずです。そのための第1歩として、ここでは宇宙のキホンについて、まなんでいきましょう。

天文ってなに？

宇宙の魅力をみんなにも知ってもらいたいな！

「宇宙っていったいどんなもの？」って聞かれたら、きみはどう答えるかな？ ひと言でいうと「宇宙」とは、すべての天体をふくむ空間ということだよ。

「天体」というのは、宇宙に存在する物質のことで、地球などの惑星や、太陽をはじめとする恒星のような星だけではなく、宇宙にただようガスやチリ、さらには、まだ解明されていない正体不明なものをふくめ、さまざまな物質すべてをさしているんだ。

そして、天体や天体がおこす現象をむかしから「天文」といって、それらを研究する学問は「天文学」と呼ばれるよ。

おもな天体の種類

恒星	自分でエネルギーをつくって光り輝いている星。太陽、星座を形づくる星など
惑星	恒星のまわりをまわっている比較的大きな天体。地球、火星、海王星など
準惑星	恒星のまわりをまわっているが、惑星よりも小さく、惑星としての基準を満たさない天体。冥王星、エリスなど
小惑星	太陽のまわりをまわるとても小さな天体。イトカワなど
衛星	惑星・準惑星・小惑星のまわりをまわっている天体。月、エウロパなど
彗星	太陽に近づくと、ガスやチリをふき出して、長い尾を引く小さな天体。ハレー彗星、ヘール・ボップ彗星など
星団	恒星の集まりで、散開星団と球状星団に分けられる。プレアデス星団（すばる）、M13星団など
星雲	ガスやチリが集まって濃くなり、雲のように見えるところ。オリオン大星雲、馬頭星雲など
銀河	多くの星やガス、チリなどが集まってできた巨大な天体。銀河系（天の川銀河）、アンドロメダ銀河など

太陽系ってなに？

太陽はものすごく大きな引力をもっていて、その引力が届く範囲を「太陽系」というよ。太陽系は太陽を中心に、8つの惑星と5つの準惑星、たくさんの小惑星、月のような衛星など、さまざまな天体からつくられているんだ。

8つの惑星とは、太陽から近い順に、水星、金星、地球、火星、木星、土星、天王星、海王星のことだよ。これらの惑星は太陽のまわりをまわっているんだけど、これを「公転」というんだ。公転する速さ、つまり「公転周期」は惑星によってちがっていて、太陽から遠い惑星ほどゆっくりだよ。たとえば、地球の公転周期は約1年だけど、もっとも太陽からはなれている海王星は、地球の時間で約165年もかかるんだ。また、太陽からの距離は、表面温度をはじめ、惑星の環境にも大きく影響しているよ。

ちなみに、太陽系は「銀河系」のなかにあるんだ。銀河系は宇宙に無数に存在している「銀河」の1つで、太陽系以外にも、恒星、星団、星雲などがふくまれているよ。

太陽のまわりを公転する惑星

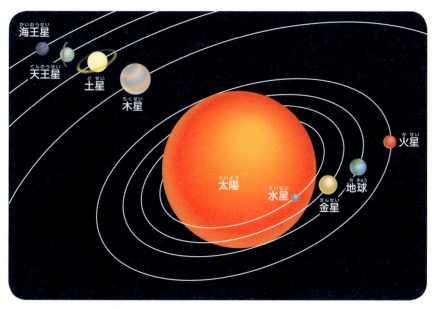

＊この図は惑星の位置関係をしめしているもので、各惑星の大きさや太陽からの距離は、実際とはちがう。

「太陽系」っていうくらいだから、やっぱり太陽って特別な存在ね！

惑星ってどんな天体？

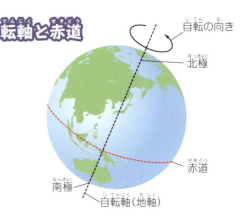
自転軸と赤道

惑星は太陽のまわりを公転するだけではなく、自分自身も回転していて、これを「自転」というよ。自転は北極と南極を直線で結んだ線を軸にしているんだけど、この軸を「自転軸」とか「地軸」と呼ぶんだ。

自転する速さ、つまり「自転周期」も惑星によってさまざまで、地球は約1日で1回自転するけれど、金星だと地球の時間で約243日もかかるよ。木星は約9.9時間とすごく短い時間で自転しているんだ。

惑星は太陽から近い順に、地球型惑星（水星・金星・地球・火星）、木星型惑星（木星・土星）、天王星型惑星（天王星・海王星）という3つのタイプに分けられるよ。それぞれの惑星の中心には核があって、金属や岩石などでできているんだ。地球型惑星の内部はほとんど重い岩石で、どちらかというと小さい惑星がそろっているよ。木星型惑星は水素やヘリウムなどのガスでできていて、大きさの割に軽いのが特徴なんだ。天王星型惑星は、氷でできた部分が多いよ。

惑星の大きさはふつう「赤道直径」ではかるんだ。「赤道」というのは、その惑星で1番ふくらんでいるところを1周したもので、その円の直径が赤道直径ということだよ。

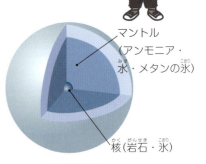

惑星はそれぞれ、いろんな特徴があるんだね！

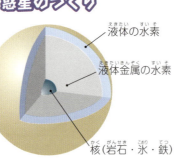
惑星のつくり

地球型惑星 ・ 木星型惑星 ・ 天王星型惑星

1光年ってなに？

　この世に存在するもののなかで1番速いのは光なんだ。その速さは秒速約30万kmで、これは1秒間に地球を7周半もするってこと。もしきみが光の速さで地球から太陽まで行くとすると、たった8分19秒でたどりつけるんだ。太陽系の1番外側にある惑星の海王星までだって、4時間ちょっとで行けるよ。
　1光年とは、そんなものすごい速さの光が1年間に進む距離のことで、だいたい9兆4600億kmにもなるよ。宇宙はとてつもなく広く、光の速さで移動しても何万年、何億年もかかるところがあるから、そういった場所の距離は、「何万光年」とか「何億光年」というんだ。

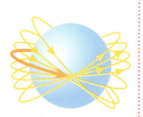

光は1秒で地球を7周半まわる

重さ・質量・密度ってなに？

　きみが地球以外のどこかの天体に行って体重計に乗ったとしよう。すると、地球ではかったときとは、ちがう体重になってしまうはずだよ。いったいどうしてだろう？
　「重さ」というのは、その物体にかかる重力のこと。「重力」とは、星の中心に向かって引っぱる力のことだよ。だから、たとえば、きみが地球で体重をはかったとき30kgだったとしても、地球より重力が大きい木星で体重をはかると、なんと71kgになってしまうんだ。ビックリだよね！？
　その一方で、場所によって変わらない、物体そのものの量をしめすのが「質量」というものだよ。地球では、重さと質量はほとんど同じ。だから、地球に住むみんなはあまり重さと質量のちがいを意識しないかもしれないね。でも、重さは重力に左右されるけど、質量は左右されないから、べつのものなんだ。
　もう1つ重要なのが、1cm³あたりの質量をしめす「密度」というもの。簡単にいうと、どれだけぎっしりつまっているかをあらわす数字のことだよ。たとえば、木星の直径は地球の約11倍、質量は地球の約318倍もあるんだけど、密度は地球の約4分の1しかないんだ。これは、地球が重い岩石でできているのに対して、木星はとても軽いガスでできていることが理由だよ。つまり、木星は地球よりも大きくて重いけど、密度は小さい惑星っていうことなんだ。

2人とも天文のことがわかってきたかな？それじゃあ、天体をめぐるたんけんに出かけよう！

太陽と太陽系の惑星。

水星ぼうや
地球くん
太陽ちゃん
金星ねえさん
月ひめさま

　「天文」って聞いたとき、ここにいるぼくたち、太陽や月、そして地球などの惑星を思い浮かべる人って、けっこう多いんじゃないかな。ぼくたちは、太陽系にいる天体だよ。ダントツの存在感をもつ太陽のまわりを8つの惑星がまわっていて、その惑星のまわりを衛星がまわっているんだ。惑星には、太陽に近い順から、地球型惑星（水星・金星・地球・火星）、木星型惑星（木星・土星）、天王星型惑星（天王星・海王星）の3つのグループがあるよ。
　地球型惑星の代表は、もちろん地球だよね。3番目に太陽に近い惑星で、水があって生物も存在するから「奇跡の星」って呼ばれているよ。太陽に1番近いのは水星。8つのなかでもっと

衛星

土星くん
天王星プリンセス
火星ちゃん
海王星プリンス
木星さん

も小さい惑星で、昼と夜の温度差が激しいんだ。2番目に太陽に近い金星は、灼熱のきびしい環境をもつ惑星だよ。そして、地球のすぐ外側にいるのが火星で、巨大な火山と赤い姿が特徴なんだ。ちなみに、月は地球のただ1つの衛星だよ。

木星型惑星の代表はやっぱり木星。太陽から5番目の距離にあって、しまもようが目を引く太陽系最大の惑星だよ。木星のすぐ外側には、リングで有名な土星がいるんだ。

天王星と海王星は天王星型惑星だよ。天王星は太陽から7番目の位置にあって、横だおしのまま自転するんだ。青く輝く海王星は太陽から1番遠くにいる惑星で、とっても寒いんだよ。

太陽ちゃん

> わたしの年齢はだいたい46億歳くらいなのよ。

太陽系の中心的存在！

▶▶ わたしの表面の温度は約6000℃、中心部は1500万℃もあるわ。みんなの想像どおり、わたしはものすごく熱いのよ。

▶▶ 「フレア」という爆発がおきたり、「黒点」ができたり消えたりするなど、わたしの表面は激しく変化しているの。

基本データ

太陽からの平均距離	―
直径	139万2000km（地球がピンポン球だとすると、すもうの土俵くらいの大きさ）
質量	地球の約33万倍
重力	地球の約28倍
公転周期	―
自転周期	25.38日
表面温度	約6000℃

どんな天体？

わたしは太陽系のなかでとーっても大きくて重くて、とーっても存在感があるのよ。そんなわたしを中心に、8つの惑星がまわっているわ。みんなの住む地球くん（→16ページ）もその1つ。ほかにも、わたしのまわりをめぐる天体はすべて太陽系の一員なの。わたしのこどもみたいなものね。

みんなの想像どおり、わたしはとんでもなく熱いわ。表面の温度は約6000℃、中心部では1500万℃にもなるのよ。じつはわたし、水素などが集まったガスのかたまりなの。その水素がわたしの中心部で核融合反応（→47ページ）をおこして、ものすごく大きなエネルギーをつくりだすのよ。だから、わたしはとーっても熱くて、光り輝いているの。

太陽は地球から1番近い恒星（→44ページ）だよ。

そのほかの特色は？

巨大なガスのかたまりなのに、わたしが飛び散ってしまわないのは、わたしの重力がとても大きいからよ。地球くんの約28倍もある重力で、ガスをつなぎとめているの。

わたしの表面ではいろいろな活動がおこっているのよ。たとえば、「フレア」と呼ばれる爆発がひんぱんにおきているし、まわりより温度が低い「黒点」というほくろのようなものが増えたり減ったりもしているわ。

あと、わたしを囲んでいる「コロナ」という大気の層は、温度が100万℃以上もあるのよ。コロナでは、炎が激しく舞い上がっているように見える「プロミネンス」（紅炎）という現象もおこっているの。

46億歳のわたしだけど、寿命は100億年って予想されているから、まだまだ元気よ！

わたしのファミリー

オーロラくん

赤や緑、ピンクに光ってとても神秘的なオーロラくんをつくるのも、じつはわたしの力によるものなの。わたしからは電気をおびた「太陽風」という流れがふき出ていて、その太陽風と地球くんの大気がぶつかると、オーロラくんがあらわれるのよ。

太陽風は北極や南極に集まるから、オーロラはその近くで見られるんだって。

地球くん

> 表面に海や川があって水が豊富だから、「水の惑星」とも呼ばれているよ！

生命が存在する「奇跡の星」！

▶▶ ぼくには、人間はもちろん、いろいろな動物や植物が生きているよ。それは、ぼくが太陽ちゃんからちょうどよい位置にいるからなんだ。

▶▶ ぼくを囲んでいる大気は、生きものにとって重要な役割を果たしているんだ。

基本データ

太陽からの平均距離	1億4960万km（時速60kmの自動車で約285年かかる）
直径	1万2756km
質量	5.974×10^{24} kg
重力	―
公転周期	365.24日
自転周期	23.94時間
表面温度	−90℃〜60℃

どんな天体?

ぼくは、きみたちが住んでいる地球。太陽ちゃんから3番目に近い惑星だよ。

「奇跡の星」と呼ばれるぼく。なぜって、ぼくの表面にはたくさんの水があるし、酸素もたっぷりあって、きみたち人間はもちろん、いろんな動物や植物が生きていける環境だからね。少なくとも太陽系には、ほかにこんな奇跡的な環境をもつ惑星はないんだよ。

この奇跡は、ぼくが太陽ちゃんからちょうどよい位置にいるから生まれたんだ。もしぼくがもっと太陽ちゃんに近かったら高温で水は蒸発してしまうし、もっと遠かったら気温が低くて水は凍ってしまうだろう。そんなことになったら、人間も、ほかの生きものも、生きてはいけないはずだよ。

> 「奇跡の星」に住んでいるなんて、なんだかうれしいわ!

そのほかの特色は?

ぼくの表面の70%は海なんだ。陸地には大小さまざまな川があるし、このように豊富な水があるから、ぼくは「水の惑星」とも呼ばれているよ。

また、ぼくを取り囲んでいる大気は、窒素や酸素、二酸化炭素などからできていて、表面から上空500kmくらいまで何層にも重なっているんだ。この大気があるおかげで、きみたちは酸素を吸って呼吸ができるし、植物は二酸化炭素を使って光合成を行えるんだよ。それに大気には、宇宙からやってくる紫外線などの有害な物質をさえぎったり、ぼくの表面の温度を一定に保ったりする役割もあるんだ。

「奇跡の星」と呼ばれるだけあって、ぼくってけっこうすごいんだよ!

知りたい! 天文学

日食と月食

「日食」は、太陽ちゃんが月ひめさま(→18ページ)にかくれてしまう現象だよ。太陽ちゃんと地球くんの間に月ひめさまが入って、一直線に並んだときにおきるんだ。「月食」は、満月のときに地球くんの影で月ひめさまがかくれる現象なんだ。太陽ちゃんと月ひめさまの間に地球くんが入って、一直線に並んだときにおきるよ。

【日食】 太陽 — 月 — 地球

【月食】 太陽 — 地球 — 月

月 ひめさま

地球をまわるただ1つの衛星！

わらわは日によって、見える姿が変わるのじゃ。

▶▶ わらわの表面には、たくさんの「クレーター」のほかに、ウサギのように見える月の海があるんじゃ。

▶▶ わらわは自分の力で光っているのではなく、太陽ちゃんの光を反射しておる。

▶▶ 地球くんから見えるわらわの姿は、毎日変わっておる。これを「月の満ち欠け」というんじゃ。

基本データ

- 地球からの平均距離　38万4400km（時速60kmの自動車で約267日かかる）
- 直径　3475km（地球がピンポン球だとすると、パチンコ玉くらいの大きさ）
- 質量　地球の約81分の1
- 重力　地球の約6分の1
- 公転周期　27.32日
- 自転周期　27.32日
- 表面温度　−150℃〜120℃

どんな天体？

宇宙にはさまざまな天体があるのう。しかし、わらわほど地球くんに住んでいる人びとから親しまれている天体はないと思うんじゃ。なぜなら、なんといっても地球くんから1番近い天体だし、いまのところ人間が着陸した唯一の天体だからじゃよ。

わらわの表面には、「クレーター」というくぼみがたくさんあるんじゃ。また、ウサギに見えるもようも、わらわの特徴じゃろう。このもようは、巨大な隕石くん（→39ページ）がいくつもぶつかったことで、地下からマグマがふき出してできた地形だと考えられていて、海と呼ばれておる。ただし、「海」といっても、わらわに水はないんじゃよ。

月は大気がほとんどなくて、気温もマイナス150℃以下になったり、100℃をこえたりするきびしい世界なんだって。

そのほかの特色は？

黄色っぽく光って見えるわらわじゃが、じつは表面は灰色の砂でおおわれておる。わらわは自分で光っているのではなく、太陽ちゃんから受けた光を反射しているんじゃ。

地球くんからわらわを見ると、日によって姿がちがうじゃろう。満月のときもあれば、三日月や半月のときもあるし、わらわの姿が見えない新月のときもあるのう。これは「月の満ち欠け」といって、約30日かけて新月からつぎの新月に変化していくんじゃ。

月の満ち欠けがおきるのは、わらわが地球くんのまわりをまわっている衛星だからなんじゃ。この動きによって、わらわの位置が少しずつ変わるから、太陽ちゃんの光があたる場所も変わって、日によって地球くんから見えるわらわも姿が変わるのじゃよ。

知りたい！天文学

ジャイアント・インパクト

わらわがどのようにできたかについて、現在もっとも有力な説が「ジャイアント・インパクト」じゃよ。「巨大衝突説」とも呼ばれておるのう。この説によれば、できたばかりの地球くんに、火星ちゃん（→24ページ）くらいの天体がぶつかり、両方の破片があたりに飛び散ったあと、それらの破片が集まって、わらわができたというんじゃ。

地球に火星くらいの天体がぶつかったなんて、びっくりだわ！

水星ぼうや

> 水星っていう名前だけど、ぼくには水がないよ。

昼は灼熱・夜は極寒！

▶▶ ぼくは昼と夜とで温度差が激しいんだ。つまり、ぼくには灼熱と極寒の2つのちがう世界があるってことだね。

▶▶ 表面にあるクレーターや大きなしわも、ぼくの個性なんじゃないかな。

▶▶ ぼくの1日はとても長くて、地球くんの約176日がぼくの1日なんだよ。

基本データ

太陽からの平均距離	5790万km（時速60kmの自動車で約110年かかる）
直径	4880km（地球がピンポン球だとすると、ビー玉くらいの大きさ）
質量	地球の約18分の1
重力	地球の約5分の2
公転周期	87.97日
自転周期	58.65日
表面温度	－170℃〜430℃

どんな天体？

ぼくは8つある太陽系の惑星のなかで、1番小さいんだ。月ひめさまより少し大きいくらいだよ。そして、太陽ちゃんの1番近くをまわっている惑星なんだ。それだけに太陽ちゃんの光にあたっている側、つまり昼の部分はものすごく暑い！ なんと400℃以上にもなるんだ。その一方で、光にあたっていない側、つまり夜の部分はマイナス170℃！このものすごい温度差には、自分でもビックリしちゃうよ。

ぼくの名前には「水」という文字が入っているけど、ぼくには水がないんだ。それと、名前のイメージでよくまちがえられるんだけど、ぼくの色は水色じゃなくてグレーだよ。

水はないけれど、南極や北極地域にあるクレーターの底には、約1000億tもの氷があると考えられているよ。

そのほかの特色は？

月ひめさまと同じように、ぼくの表面にはたくさんのクレーターがあるよ。あと、「リンクル・リッジ」っていう大きなしわにも注目してほしいな。いま「しわ」っていったけど、じつは崖なんだ。できたばかりのころは熱かったぼくの内部が、少しずつ冷えて縮んだことによってできたんだって。

ぼくにはちょっとややこしい特徴があって、それは公転にくらべて自転のスピードがとってもゆっくりだってこと。だから、日の出からつぎの日の出までをぼくの1日とすると、地球くんの日数でたとえると約176日にもなるんだよ。つまり、灼熱の昼が約88日続いたあとに、極寒の夜が約88日続くってこと。地球くんに住んでいるみんなには、不思議かもしれないね。

1550kmは東京から鹿児島までよりももっと長い距離らしいよ！

ぼくのファミリー

カロリス盆地くん

カロリス盆地くんは、ぼくの表面で見つかった最大のクレーターだよ。直径が約1550kmもあって、ぼくの直径の4分の1以上もあるんだ。小さなぼくにとっては、すごく大きな存在だよ。カロリス盆地くんは、ぼくができてすぐのころに、大きな隕石くんが落ちてできたらしいんだ。

金星ねえさん

美しくて、とても熱いあたしは「灼熱のビーナス」とも呼ばれるわ。

近づくとやけどする！

▶▶ 地球くんと大きさや質量が似ているから、「地球のきょうだい惑星」っていわれているの。

▶▶ でも、地球くんとちがって、あたしの環境はきびしいわ。厚い大気でおおわれた灼熱の世界よ。

▶▶ あまのじゃくなあたしは、自転の向きがほかの太陽系の惑星たちとは反対なの。

基本データ

太陽からの平均距離	1億820万km（時速60kmの自動車で約206年かかる）
直径	1万2104km（地球と同じくらいの大きさ）
質量	地球の約5分の4
重力	地球の約10分の9
公転周期	224.7日
自転周期	243.02日
表面温度	470℃

どんな天体?

地球くんのすぐ内側で、太陽ちゃんのまわりをまわっている惑星があたし。地球くんに大きさも質量も似ているから「地球のきょうだい惑星」とも呼ばれているわ。

あたしは名前のとおり、金色の美しい惑星よ。でも、その美しさからは想像できないほど、環境はきびしいの。あたしを囲んでいる厚い大気のほとんどは温室効果のある二酸化炭素だから、太陽ちゃんからの熱をためこんで、表面は450℃以上もの高温になっているわ。また、大気には濃い硫酸でできた厚い雲があって、上空では秒速100mにもなる強風が吹いているのよ。

このとおり、あたしは危険な惑星なの。美しいものにはトゲがあるってことね。

金星の英語名「ビーナス」は、神話に登場する美しい女神から名づけられたんだよ!

そのほかの特色は?

あたしって、じつはあまのじゃくな性格なの。太陽系の惑星たちは、反時計まわりに自転しているんだけど、あたしだけちがって時計まわりに自転しているわ。だから、あたしの表面から太陽ちゃんを見ると、西からのぼって東にしずむことになるの。でも、厚い雲にさえぎられるから、そのようすを見ることはできないんだけどね。

あたしの表面は、溶岩が流れた跡がたくさんあるわ。つまり、むかしは火山が活発に活動していたってことよ。まだ確認はされていないけど、なかにはいまも活動を続けている火山もあるって考えられているの。

ちなみに、大むかしにはあたしにも水があったらしいけど、蒸発しちゃって、いまはカラカラに干からびているわ。

知りたい! 天文学

明けの明星と宵の明星

あたしは、地球くんからは明け方の東の空と、夕暮れどきの西の空に見えるわ。とっても光って見えるから、これを「明けの明星」とか「宵の明星」というの。じつは光って見えるのは、あたしを囲んでいる雲が太陽ちゃんの光を反射しているからなの。また、あたしにも月ひめさまと同じように満ち欠けがあるわ。

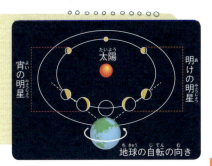

火星（かせい）ちゃん

「わたしは「第2の地球」になるかもしれないのよ！」

巨大火山のある赤い惑星！

▶▶ わたしが赤く見えるのは、表面の砂や岩石にふくまれている鉄が酸化して、赤さびになったからなの。

▶▶ 巨大な火山や長い渓谷など、ダイナミックな地形も、わたしの特徴よ。

▶▶ 「火の星」って書く名前なんだけど、本当はけっこう寒いのよ。

基本データ

太陽からの平均距離	2億2790万km（時速60kmの自動車で約434年かかる）
直径	6792km（地球がピンポン球だとすると、5円玉くらいの大きさ）
質量	地球の約9分の1
重力	地球の約5分の2
公転周期	686.98日
自転周期	24.62時間
表面温度	－140℃～27℃

どんな天体？

わたしは、夜空でひときわ目を引く赤い惑星よ。その赤い色の正体は、じつは酸化した鉄なの。つまり、赤さびってこと。わたしの表面にある砂や岩石にふくまれる鉄がさびちゃったのよね。ビックリでしょ？　なんでそんなに赤い部分が多いのかっていうと、それは砂嵐のせいなの。ときどき、わたし全体を巻きこむくらい大きな砂嵐がおきて、舞い上がった赤さびが、わたしの表面にまんべんなく散らされるってわけ。

わたしの表面の地形は、かなりダイナミックで、むかし活動していた巨大な火山や、日本列島よりも長い渓谷があるの。それに、曲がりくねったたくさんの溝もあるわ。これは川の跡で、大むかしのわたしには、大量の水が流れていたらしいのよ。

そのほかの特色は？

火星って名前から熱い星って思うかもしれないけれど、わたしはけっこう寒いの。地球くんと同じように、わたしにも春夏秋冬の季節の変化があって、夏は20℃くらいになることもあるけど、冬はマイナス100℃をこえることもあるのよ。

わたしは、地球くんのすぐ外側をまわっているわ。地球くんから望遠鏡を使えば、わたしの天気の変化がわかるくらい、近くにいるのよ。そのせいもあって、わたしは地球くんと環境がよく似ているの。だから、わたしを「第2の地球」にする、「テラフォーミング計画」っていうものがあるらしいわ。わたしの環境を改造して、地球くんのように生きものが住めるようにするのよ！

火星にはたくさんの探査機（→75ページ）が送られていて、そのようすがだんだん明らかになっているのよ。

わたしのファミリー

オリンポス火山さん

オリンポス火山さんは、わたしの表面で活動した火山で、太陽系でもっとも大きい火山なの。その高さは約2万7000m！　富士山を7つ重ねたよりもっと高いのよ。いまは静かにしているけれど、火山活動をやめたわけじゃないらしいから、将来はふたたび動き出して噴火するかもしれないわ。

木星さん

太陽系で最大の惑星！

あざやかなしまもようが気に入っています。

▶▶ おいどんの1番の特徴は大きさです。太陽系のなかで1番大きい惑星なんですよ。

▶▶ しまもようのなかに「大赤斑」という大きなうず巻きがあります。

▶▶ もっと重かったら、太陽ちゃんのような恒星になっていたみたいですよ。

基本データ

太陽からの平均距離	7億7830万km（時速60kmの自動車で約1481年かかる）
直径	14万2984km（地球がピンポン球だとすると、ビーチボールくらいの大きさ）
質量	地球の約318倍
重力	地球の約2.37倍
公転周期	11.86年
自転周期	9.93時間
表面温度	−140℃

どんな天体？

おいどんは、太陽系のなかで1番大きい惑星です。直径は地球くんの約11倍、質量は地球くんの約318倍もあるんですよ。

おいどんを外から見ると、あざやかなしまもようが見えるでしょう？ このしまもようはおいどんの表面ではなく、おいどんを取り囲む大気がつくりだしているんです。おいどんは猛烈なスピードで自転するので、まわりに強い風が吹いて、雲が並んで同じ方向に流れてしまうというわけなんですね。

しまもようのなかには「大赤斑」といううず巻きがあって、このあたりはものすごい嵐がおきています。小さく見えるかもしれませんが、大赤斑は地球くんが2つすっぽり入るくらい大きいんですよ。

> 大赤斑は1664年に発見されてから約350年間も、消えずに木星の表面を移動しているんだって！

そのほかの特色は？

おいどんは、ほとんどが水素やヘリウムというガスでできていて、太陽ちゃんと似ています。でも、質量は太陽ちゃんの1000分の1くらいしかないんです。やっぱり太陽ちゃんの存在感はものすごいですよね。もし、おいどんの質量がいまの80倍くらいあったら、内部で核融合反応（→47ページ）をおこして、太陽ちゃんのような恒星になっていたそうです。だから、「太陽になれなかった惑星」なんていわれていますが、おいどんは惑星であることに満足しているんですよ。

ところで、おいどんにもリングがあることは知っていますか？ すごーく細くてうすいので、みんなのいる地球くんからははっきりとは見えないんですけど、おぼえておいてもらえるとうれしいです。

おいどんのファミリー

エウロパちゃん

おいどんには、60個ほどの衛星がいるんですよ。そのうち、イタリアの天文学者のガリレオ・ガリレイによって発見された巨大な4つの衛星を「ガリレオ衛星」と呼びます。エウロパちゃんはガリレオ衛星の1つで、表面は氷におおわれていて、メロンのような筋がたくさんあるんです。

> エウロパの内部には海があるらしいから、生物がいるかもしれないよ。

土星くん

大きくてうすいリングをもつ！

おいらのじまんのリングは、いくつものリングが重なってできているんだ。

▶▶ おいらのリングは、氷や岩石の粒が集まってできているよ。幅は広いけど、厚さは真横からだと見えないくらいうすいんだ。

▶▶ 太陽系の惑星のなかで木星さんのつぎに大きいおいらだけど、密度は水よりも小さいから、水に浮くかもしれないよ。

基本データ

- 太陽からの平均距離　14億2940万km（時速60kmの自動車で約2720年かかる）
- 直径　12万536km（地球がピンポン球だとすると、自動車のハンドルくらいの大きさ）
- 質量　地球の約95倍
- 重力　地球の約15分の14
- 公転周期　29.46年
- 自転周期　10.66時間
- 表面温度　−180℃

どんな天体？

おいらのじまんは、なんといっても大きなリング！ このリング、じつは1枚の円盤のような板じゃなくて、大小さまざまな氷や岩石の粒がたくさん集まってできているんだよ。板のように見えるのは、それぞれの粒がおいらの重力によって引きつけられて、まとまっているからってわけ。

それに、リングは1つだけじゃないよ。いくつかの幅が広いリングのなかに、幅が狭いリングがたくさんあるんだ。全部で1000本以上はあるんじゃないかな。

ちなみに、リングの幅は広いものだと約6万kmあって、地球くんを5つ並べられるくらいなんだ。でも、厚さは数mから数十mしかなくて、真横からだと見えないくらいものすごくうすいんだよ。

そのほかの特色は？

おいらは、太陽系のなかで木星さんのつぎに大きい惑星だよ。でも、1cm³あたりの質量、つまり密度は1番小さくて、約0.7gしかないんだ。これは、おいらがほとんどガスでできているってことが大きな理由なんだよ。密度は小さいけど、中身のないやつだなんて思わないでおくれよ！

ちなみに、水の密度は1gだから、おいらは水よりも軽いってこと。もしおいらが入れるくらいとびきり大きなプールがあったら、プカプカ浮かぶんじゃないかな。

木星さんほどあざやかじゃないけど、おいらを囲んでいる大気も、しまもようをつくるよ。大気のなかではときどき、地球くんでおきる嵐の1000倍も強力な「ドラゴンストーム」っていう巨大な嵐がおきるんだ。

おいらのファミリー

タイタンくん

60個以上あるおいらの衛星のなかで1番大きいのがタイタンくんだよ。太陽系のほかの衛星とはちがって濃い大気に囲まれているんだ。その大気中のメタンなどが液体になって雨として降りそそぎ、海や湖をつくっているよ。地球くんと同じように大気と液体があるから、生命の発見が期待されているんだって。

タイタンは、惑星の水星よりも大きい衛星らしいよ！

天王星 プリンセス

べつに好きで横になっているわけじゃないからね！

横だおしのまま回転する！

▶▶ わたしの自転軸は横に傾いているわ。横だおしのまま、太陽ちゃんのまわりを公転しているの。

▶▶ わたしにもリングがあるのよ。土星くんのリングほど立派じゃないけどね。

基本データ

太陽からの平均距離	28億7500万km（時速60kmの自動車で約5470年かかる）
直径	5万1118km（地球がピンポン球だとすると、ハンドボールくらいの大きさ）
質量	地球の約15倍
重力	地球の約9分の8
公転周期	84.02年
自転周期	17.24時間
表面温度	−200℃

どんな天体？

わたしの色って、とってもステキでしょ？エメラルドグリーンって感じで、プリンセスのわたしにピッタリだと思うの！

見てのとおり、わたしっていつも横になっているのよ。できたばかりのころのわたしは、ほかの惑星と同じような傾きだったはずなんだけど、どうして横だおしになっちゃったのか、わたしも忘れちゃったわ。でも、あるとき、大きな天体がぶつかって、わたしの自転軸が傾いたんじゃないかって考えられているみたいなの。

自分でもユニークだなって思うんだけど、好きで横になっているわけじゃないのよ。このポーズで太陽ちゃんのまわりを公転するのは、けっこうたいへんなんだから！

横だおしになったときに飛び散った氷と岩石の粒が、天王星のリングをつくったともいわれているよ。

そのほかの特色は？

土星くんほど立派じゃないけど、わたしにもしっかりとしたリングがあるのよ。氷や岩石の粒が集まったもので、13本の細いリングが重なって、1つのリングのようになっているの。色が黒っぽくて、あざやかじゃないのは、わたしのひかえめな性格があらわれているのかもね！

太陽ちゃんからすごく遠くはなれているから、わたしに届く太陽ちゃんの光は地球くんとくらべてずっと少ないの。だから、わたしの表面の温度は、マイナス200℃になることもあるのよ。それに、マントルが氷でできているから、わたしのことを「巨大氷惑星」って呼ぶ人もいるらしいわ。たしかにわたしは冷たい惑星だけど、けっして性格は冷たくはないのよ！

知りたい！天文学

42年間ずつ続く昼と夜

横だおしになっているわたしの自転軸の角度は約98度！ ほとんど真横ってことね。だから、わたしの北極や南極も、太陽ちゃんの光に照らされることになるの。しかも、わたしは太陽ちゃんのまわりを約84年くらいかけてまわっているから、北極や南極に近いところでは、約42年間ごとに昼と夜が交替するのよ。

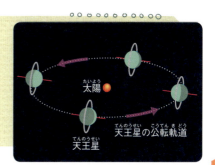

海王星 プリンス

もっとも遠くにある青い惑星！

太陽ちゃんの光がほとんど届かないから、表面温度はマイナス220℃にもなるぜ！

▶▶ おれが青く輝いているのは、おれを取り巻く大気にふくまれるメタンが、赤い光を吸収して、青い光だけを反射するからなのさ。

▶▶ おれの表面は寒さと風がすさまじいから、生きものは存在できないのさ。

▶▶「大暗斑」っていう黒っぽいうずができることがあるんだぜ。

基本データ

太陽からの平均距離 45億440万km（時速60kmの自動車で約8570年かかる）
直径 4万9528km（地球がピンポン球だとすると、メロンくらいの大きさ）
質量 地球の約17倍　**重力** 地球の約1.11倍
公転周期 164.77年　**自転周期** 16.1時間　**表面温度** －220℃

どんな天体？

おれは太陽系のなかで、太陽ちゃんから1番遠くにある惑星だぜ。太陽ちゃんからものすごくはなれているから、公転周期がすごく長くて約165年もあるんだ。

みんながおれの姿を見たら、その青さにきっと感動するんじゃないか？　この青さはおれを取り巻く大気にふくまれるメタンにヒミツがあるんだ。メタンには赤い光を吸収して、青い光だけを反射する性質がある。だから、おれの姿はこんなにもあざやかな青に見えるのさ。

じつは、おれにもリングがあるんだが、細くて暗い色をしているから、ほとんど見えないんだ。でも、おれはリングよりも青さがじまんだから、そんなこと気にしないぜ！

> 名前は海王星でも、青さの理由は海じゃなくて大気なのね！

そのほかの特色は？

太陽ちゃんから1番遠くにあるおれの表面の温度は、マイナス220℃近くにもなるんだぜ。しかも、おれの表面では、信じられないくらいの速さで風が吹いている。その速さは最大秒速560mで、音の速さをこえているのさ。極寒と強風で、おれに生物が存在することはできないだろうな。

おれの大きさは、天王星プリンセスよりちょっと小さいくらいだ。また、天王星プリンセスと同じようにマントルに氷が多いから、おれも「巨大氷惑星」って呼ばれることがあるんだぜ。

そうそう、おれには「大暗斑」っていう黒っぽいうずができることがあるんだ。できたものが消えたり、似たものがほかの位置にできたり、なぞめいたうずなのさ。

おれのファミリー

トリトンちゃん

おれには10個以上の衛星があるけど、トリトンちゃんはそのなかでもっとも大きいんだ。表面温度がマイナス230℃をこえるから、極寒地獄の衛星っていえるな。ちょっとひねくれ者で、おれをまわる公転の向きが、おれの自転の方向とは逆なのさ。これはとてもめずらしいことなんだぜ。

> トリトンには、黒い煙をふき出している氷の火山があるんだよ。

太陽系の小さな天体

太陽系には、惑星や衛星以外の天体もたくさんいるよ。たとえば、惑星と同じように、太陽のまわりをまわっている準惑星や小惑星、美しい姿で地球のみんなを楽しませている彗星も、太陽系の一員なんだ。流星はじつは天体ではないんだけど、彗星と深く関係しているし、地球のみんなにはとっても親しみがあると思うから、ここにいっしょに登場するよ。

準惑星は惑星よりも小さい天体で、冥王星、エリス、マケマケ、ハウメア、そしてケレスがいるよ。このうち、冥王星、エリス、マケマケ、ハウメアは「太陽系外縁天体」と呼ばれ、太陽系のはしっこを、数百年というものすごく長い時間をかけて公転しているんだ。ケレスはほか

小惑星帯
小惑星キッズ
トロヤ群
彗星さん
流星ちゃん

　の準惑星とちがって、火星と木星の間にある「小惑星帯」という場所にいるよ。
　小惑星帯は、太陽をドーナツ状に囲んでいるたくさんの小惑星の集まりのこと。ほかにも、木星の軌道のそばにある「トロヤ群」にも小惑星の集まりがあるよ。
　ちょっといいにくいんだけど、彗星は水や二酸化炭素などでできた氷にチリが混ざったものなんだ。太陽に近づいたときにガスやチリをふき出す姿がほうきのように見えるから、「ほうき星」とも呼ばれるよ。そして、地球のみんなが願いごとをする流星の正体は、宇宙をただようチリなんだ。がっかりさせちゃったと思うけど、これからも夜空で輝けるようにがんばるよ。

準惑星グループ

グループ結成は2006年！ 新メンバーも募集中なの。

21世紀生まれの新しい天体グループ！

マケマケちゃん / ハウメアちゃん / ケレスちゃん / 冥王星ちゃん / エリスちゃん

▶▶ わたしたちは、惑星たちとくらべると小さくて、近くの天体を弾き飛ばすほどのパワーがないの。

▶▶ 現在のメンバーは、リーダーの冥王星ちゃんのほか、エリスちゃん、マケマケちゃん、ハウメアちゃん、ケレスちゃんの5人だよ。

天文トリビア

✦ 準惑星は大きい順に、エリス、冥王星、マケマケ、ハウメア、ケレスで、準惑星で最大のエリスの大きさは、惑星で最小の水星の半分くらい

✦ 冥王星以外の準惑星の名前は、神話の女神や創造神などに由来する

どんな天体？

わたしたちは準惑星グループ。全員ほぼ球体の形をしていて、太陽ちゃんのまわりをまわっているわ。それなのになぜ「惑星」ではなく「準惑星」って呼ばれているのかって？

ちょっと残念だけど、わたしたちは惑星にくらべるとかなり小さいの。それに、わたしたちには惑星ほどのパワーがないのよ。だから、近くにあった天体を弾き飛ばして、自分が公転する道筋にほかの天体がない惑星とちがって、わたしたちの近くにはたくさんの天体がいるわ。

わたしたちは、2006年にできた新しいグループだからメンバーはまだ5人だけど、準惑星の条件を満たす天体が見つかれば、将来はメンバーがもっと増えるかもしれないの。そうなったら、もっと有名になれるかしら!?

こんな準惑星がいるよ

わたしたちのなかで、冥王星ちゃん、エリスちゃん、マケマケちゃん、ハウメアちゃんは、海王星プリンスよりもさらに太陽ちゃんから遠い、太陽系のはしっこにいるの。だから、「太陽系外縁天体」っていうのよ。あと、代表的存在の冥王星ちゃんにあやかって、「冥王星型天体」とも呼ばれているわ。冥王星型天体の特徴は、公転周期がとっても長いこと。冥王星ちゃんは太陽ちゃんのまわりを1周するのに約248年、1番長いエリスちゃんなんて約558年もかかるのよ。

ケレスちゃんだけは、火星ちゃんと木星さんの間にある「小惑星帯」って呼ばれるところにいるの。わたしたちのなかでは1番小さくて、その直径は、1番大きい準惑星であるエリスちゃんの5分の2くらいしかないのよ。

知りたい！天文学

もともとは「惑星」だった冥王星

冥王星ちゃんが発見されたのは1930年。最初は太陽系の9番目の惑星とされていたわ。でもしだいに、とても小さかったり、軌道が細長いだ円形だったり、近くに衛星以外の天体がたくさんあったり、ほかの惑星とのちがいがわかってきたの。そこで2006年に世界中の天文学者が集まる会議で、冥王星ちゃんを「準惑星」にすることが決まったのよ。

この2006年の会議で「準惑星」という新しいグループをつくることが決まったんだって！

小惑星キッズ

> ぼくたちは太陽系ができたころの化石ともいえるんだよ。

無数にある小さな天体！

▶▶ ぼくたちは小さな天体で、火星ちゃんと木星さんの間にある「小惑星帯」に、たくさん集まっているんだ。

▶▶ 自分たちでもわからないくらい、ぼくたちの数はとっても多いんだよ。

▶▶ 太陽系の成り立ちのなぞを解くカギを、ぼくたち、小惑星がにぎっているかもしれないんだ。

天文トリビア

✦ 最初に発見された小惑星は、現在は準惑星の**ケレス**

✦ 小惑星は発見した人が**名前をつける**ことができ、日本人が発見した小惑星には「**たこやき**」という名前のものがある

どんな天体？

ぼくたちは、太陽系をただよう小さな天体だよ。大きいものでも直径が数百kmしかなくて、1kmもない仲間もたくさんいるんだ。小さいけれど、しっかり太陽ちゃんのまわりをまわっているし、自転もしているよ。

ぼくたちの多くは、火星ちゃんと木星さんの間に集まっていて、「小惑星帯」っていうドーナツ状の帯をつくっているんだ。そのほかに、木星さんの軌道のそばに集まっているものは、「トロヤ群」と呼ばれているよ。

ぼくたちは、太陽系ができたころに、ものすごく小さな天体として生まれたと考えられているよ。その後、あまり大きくなれなかった天体や、天体がぶつかりあってできた破片が、小惑星になったんだ。

> 小惑星を全部集めても、月の質量の4％くらいしかないんだ！

こんな小惑星がいるよ

ぼくたちは、これまでに数十万個も発見されているんだけど、あまりに多すぎて、実際の数はわからないんだ。

それぞれとっても個性的なぼくたちは、球形だけでなく、おかしな形をしている仲間もいるんだ。たとえば、「イトカワ」っていう小惑星は、ナスみたいな形をしているよ。

そのイトカワといえば、こないだ「はやぶさ」っていう日本の探査機がやってきて、表面にある物質を世界ではじめて持ち帰ったみたいなんだ。このニュースは、ぼくたちの間でもすごく話題になったよ。だって、ぼくたちのなかには、太陽系ができたころの姿のまま存在しているものもいるから、イトカワから持ち帰った物質によって、太陽系の成り立ちのなぞが解けるかもしれないんだ。

ぼくたちのファミリー

隕石くん

宇宙から地球くんに落ちてくる物体が隕石くんだよ。そのほとんどは、もともとぼくたちのような小惑星で、軌道をはずれたものが地球くんにぶつかってしまうんだ。なかには海ではなく地面にぶつかって、クレーターをつくる場合もあるみたい。気をつけるように隕石くんにいっておくよ。

> 恐竜が絶滅したのは、大きな隕石が地球にぶつかったことが原因らしいわ！

彗星さん

突然あらわれる宇宙の旅人！

▶▶ おいらの正体は、水や二酸化炭素などでできた氷にチリが混ざったもの。「汚れた雪玉」ってたとえられることがあるのさ。

おいらは気まぐれな性格なのさ。

▶▶ おいらが太陽ちゃんに近づくと、ガスやチリの尾を引くからほうきのように見えるんだ。だから、おいらのことを「ほうき星」って呼ぶ人がいるよ。

天文トリビア

- ◆ むかしは彗星があらわれると不吉なことがおきると恐れられていた
- ◆ ハレー彗星は、イギリスの天文学者エドモンド・ハレーから名づけられた
- ◆ 日本人が発見した百武彗星の公転周期は、約10万年ともいわれる

どんな天体？

おいらは宇宙の旅人さ。気が遠くなるような長い距離を旅しているんだ。

おいらはとても小さく、直径数kmから数十kmしかない。そして、水や二酸化炭素などの氷に、チリが混ざってできているんだ。黒ずんでいるから、「汚れた雪玉」なんてたとえる人もいるよ。まったく失礼な話だよね。

おいらの呼び名はほかにもあって、それは「ほうき星」さ。おいらは太陽ちゃんに近づくと熱によってガスやチリがふき出して、長い尾を引くんだ。このようすがきっと地球くんからは、ほうきのように見えるんだろうね。つまり、みんなの前に突然姿をあらわすのは、おいらが太陽ちゃんの近くにいるときだけってことさ。

> 「ほうき星」っていっても、宇宙をそうじしているわけじゃないんだね！

こんな彗星がいるよ

おいらで1番有名なのは、ハレー彗星じゃないかな？ 1910年に空全体を横切るようなものすごく長い尾を引いて、みんなをおどろかせたからね。ハレー彗星の公転周期は約76年。つまり、76年に1度くらいしか、きみたちはハレー彗星の姿を見るチャンスはないってことさ。76年ってとても長いようだけど、ヘール・ボップ彗星の公転周期は約2530年だし、もっと長い仲間だっているんだ。

おいらの性格は気まぐれで、太陽ちゃんをまわる軌道も、けっこういいかげんなのさ。だって、惑星の近くを通ると、その重力の影響を受けて軌道が変わってしまうこともあるからね。それに、2013年に太陽ちゃんに近づいたパンスターズ彗星なんて、近づくのは1度きりで、2度と戻ってこないんだ。

知りたい！天文学

彗星の軌道

おいらには、だ円形の公転軌道をもつものが多くて、公転周期が200年以下のものを「短周期彗星」、200年より長いものは「長周期彗星」と呼ぶんだ。でも、2013年に近づいたパンスターズ彗星のように、軌道がだ円形ではなく、放物線になるものもいる。これらは、1度太陽ちゃんに近づくとふたたび戻ってくることはないのさ。

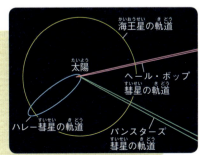

＊ヘール・ボップ彗星とパンスターズ彗星は、惑星の軌道に対して垂直に近い軌道なので細く見える。

流星ちゃん

彗星から生まれる一筋の光！

地球くんに住むみんなの願いごとがかなうように、あたし、がんばるわ！

▶▶ ロマンチックなあたしの正体は、宇宙をただようチリなの。

▶▶ 地球くんを囲む大気に飛びこむと、あたしは熱くなって、光の尾をつくるのよ。

▶▶ 「流星群」といって、あたしはいっぺんにたーくさん地球くんに降りそそぐことがあるわ。

天文トリビア

✦ むかし西洋で流星は、空の上に住んでいる神様が地上をのぞこうとして、窓を開けたときの光だと考えられていた

✦ 地球に1日に降りそそぐ流星の数は、数十億個といわれている

どんな現象？

あたしは流星、つまり流れ星なの。夜空にキラリと光って流れるようすは、とってもロマンチックでしょ！　それに、むかしからあたしに願いごとをすると、かなうっていわれているのよ。

そんなあたしの正体は……じつは宇宙をただようチリなの。みんながっかりしちゃったかな？「星」っていう名前がついているけど、本当は星じゃないってことよ。あたしが地球くんの大気に飛びこむと、ものすごく熱くなって光の尾をつくるの。そして、残念だけど、あたしは燃えつきてしまうわ。地球くんからそのようすを見ると、一筋の光が流れているように見えるってわけね。ちなみに、大きくて燃えつきない場合は、隕石くんとして地球くんにたどりつくこともあるわ。

こんな流星がいるよ

あたしのほとんどは、彗星さんからふき出したチリなの。大きさはとっても小さくて、1mmもないけど、なかには1cmくらいのものもいるわ。大きいほど明るく光るのよ。

みんなはふだん、あたしを見ることは少ないかもしれないけど、あたしがいーっぱい地球くんに降りそそぐことがあるの。これを「流星群」っていうのよ。毎年11月に見えるしし座流星群って、聞いたことあるんじゃないかな？　なんで星座ちゃん（→58ページ）の名前がついているかっていうと、その星座ちゃんの方向から四方八方に流れ出るように見えるからなの。ほかにも、10月のオリオン座流星群や、4月のこと座流星群など、たくさんあるわ。

あたしのファミリー

ダスト・トレイルさん

彗星さんが通る軌道には、彗星さんからふき出たチリが集まって川のようになるわ。これがダスト・トレイルさんよ。公転している地球くんがダスト・トレイルさんと交わると、あたしがたーくさん地球くんに降りそそぐの。つまり、ダスト・トレイルさんが流星群をつくり出しているのよ。

宇宙のチリに願いごとをしていたなんてちょっとがっかり……。でも、願いごとはかなえてほしいわ！

宇宙を照らす恒星の

夜空にはたくさんの星が輝いているけど、そのほとんどが「恒星」と呼ばれるものだよ。恒星は自分自身の力で光り輝ける天体なんだ。太陽もそんなたくさんある恒星の1つだよ。太陽は地球に1番近い恒星で、地球からはとても大きく明るく感じるから、地球に住むみんなにとっては特別な存在かもしれないね。でも、太陽も夜空で輝く星も、同じ恒星なんだ。しかも、太陽は大きさも明るさも、真ん中くらい、つまり平均的な恒星なんだよ。

恒星にも人間と同じように一生があって、宇宙に生まれ、やがて年をとり、最期をむかえるんだ。ここにいるぼくたちは、恒星が一生のうちに見せるいろいろな姿だよ。

一生

超新星さま

赤色超巨星じいさん

ブラックホールくん

　原始星は、宇宙をただようガスやチリが集まってできた、生まれたばかりの恒星の赤ちゃんだよ。かわいいでしょ？　原始星の多くは、成長すると主系列星になるんだ。ちなみに、恒星は主系列星の姿ですごす期間が1番長いんだ。
　時間が経つにつれて、主系列星も年をとって、少しずつ姿を変えて、赤色巨星や赤色超巨星になるよ。赤色巨星になるか赤色超巨星になるかは、それぞれの主系列星の質量によって決まるんだ。赤色超巨星の核融合反応（→47ページ）が進むと、超新星と呼ばれる大爆発をおこすよ。赤色超巨星のなかでも超重量級の恒星は大爆発のあとに、ブラックホールをつくるんd。

原始星 ぼうや

暗闇で誕生する星の赤ちゃん！

早く一人前の恒星になりたいな！

▶▶ ぼくはガスやチリなどの「星間物質」が濃くただよう「暗黒星雲」という場所で生まれるんだ。

▶▶ 星間物質を取りこんで、ぼくは成長していくよ。内部で核融合反応がおこるようになれば、ぼくも一人前の恒星ってことなんだ。

天文トリビア

- ✦ 暗黒星雲のなかで原始星ができるまでには100万年くらいかかる
- ✦ 原始星はだいたい100個以上の集団で生まれる
- ✦ 原始星がふき出すジェットは、速いもので秒速100km以上

どんな天体?

ぼくは、生まれたばかりの恒星の赤ちゃんだよ。ぼくが生まれるのは「暗黒星雲」という場所。宇宙をただようガスやチリなどの「星間物質」がたくさん集まったところなんだ。星間物質はぼくの材料になるからね。

暗黒星雲のなかの星間物質がとても濃い場所では重力が生まれるよ。すると、星間物質はたがいにくっつこうとして、大きなかたまりに成長していくんだ。やがてその中心部が高温になって、ぼくができるんだよ。

誕生したぼくのまわりにはさらに星間物質が集まってきて、ドーナツ状の円盤になって回転をはじめるよ。そして、ぼくが取りこまなかったガスは、円盤と垂直方向に上下にふき出して、ジェットになるんだ。

> 「暗黒星雲」って名前はこわいけど、星の赤ちゃんが生まれるところなんだね!

その後、どうなる?

ぼくからふき出たジェットは、まわりにあるガスやチリなどの星間物質をふき飛ばすんだ。そうすると、ぼくの成長は止まるよ。

たくさんの星間物質が集まってできたぼくは、重力が大きくなっているから、中心に引っぱられて縮んでいくよ。そして、温度が上がりはじめて、1000万℃以上になると核融合反応をおこすんだ。こうなったら、ぼくも一人前の恒星の仲間入りってことだよ! 長い期間、核融合反応が安定しておきる恒星が主系列星さん(→48ページ)なんだ。

でも、みんながみんな主系列星さんになれるわけじゃないよ。だって、内部で核融合反応がおきなくて、主系列星さんになれなかった褐色矮星くん(→49ページ)のような星もいるからね。

> 太陽も内部で核融合反応をおこして、すごいエネルギーを出していたよね!

知りたい! 天文学

ものすごいエネルギーをつくる核融合反応

すべての物質は、原子というすごく小さな粒が集まってできていて、その原子の中心には原子核があるんだ。「核融合反応」とは、軽い原子核がくっついてより重い原子核になること。恒星の内部でおきている核融合反応は、水素の原子核4つがくっついてヘリウムというガスの原子核を1つつくりだす反応だよ。そのとき、ものすごいエネルギーが発生するんだ。

主系列星さん

働き盛りのおとなの星!

> 質量によって寿命が決まるから、みんな質量を気にしているんだ。

▶▶ おれたちの内部では安定した核融合反応がおこり、外側にふくらもうとする力と内側に縮もうとする力のバランスがつり合っている。これがおとなの星の証なのさ。

▶▶ おれたちは質量が大きいほど、核融合反応が激しくなり、燃料である水素も早く減るんだ。つまり、それだけ早く年をとるってことだよ。

天文トリビア

◆ 銀河系（→65ページ）にいる主系列星は**1000億〜2000億個**
◆ 太陽と同じくらいの質量の恒星は、**100億年近く**を主系列星としてすごす
◆ 褐色矮星の「矮星」とは、恒星とくらべて直径や明るさが小さい天体のこと

どんな天体？

原始星ぼうやの多くは、おれたちのような主系列星になるぞ。おれたちの内部では、安定して核融合反応がおこっている。また、内部の熱によって外側にふくらもうとする力と、重力によって内側に縮もうとする力とが、バランスよくつり合っているから、おれたちは球体の形を保っていられるのさ。これはおとなの恒星になった証なんだ。

恒星の一生は、そのときどきで状態が変化するけど、おれたちのような主系列星の姿をしている期間が1番長いんだ。

同じ主系列星でも、それぞれの星は大きさもちがうし、明るさも輝く色もちがうよ。生まれたときの質量によって、おれたちはそれぞれの人生を歩むのさ。

> 恒星の一生は、生まれたときの質量で決まっているのね！

その後、どうなる？

おれたちは内部で核融合反応をおこし、けんめいに輝き続けているけど、核融合反応には水素が必要なんだ。おれたちは質量が大きいやつほど、内部の温度が高くなり、明るく輝く。でもそれって、核融合反応も激しく進んでいるってことなんだ。つまり、質量が大きいやつほど、水素が早くなくなってしまうから、寿命も短いってことなのさ。

おれたちはまだまだ働き盛りで、水素も十分にあるけど、やがて水素はだんだん少なくなっていくだろうな。そうなると、おれたちは重力のバランスをくずしてしまい、温度が下がり赤くなりながら、何百倍も大きくふくらむのさ。こうして年をとったおれたちは、赤色巨星じいちゃんや赤色超巨星じいさん（→50ページ）になっていくんだ。

おれたちのファミリー

褐色矮星くん

すべての恒星が原始星ぼうやからおれたちのような主系列星になるわけじゃない。質量がとても小さいために、内部で核融合反応をおこすことができず、ほとんど輝かずに一生をすごす恒星もいるんだ。それが褐色矮星くんだよ。褐色矮星くんの質量は、太陽ちゃんの8パーセント以下しかない。あまり目立たない褐色矮星くんだけど、恒星の一生を考えるうえで欠かせないおれたちのファミリーさ。

赤色巨星じいちゃん　赤色超巨星じいさん

「わしらは最期をむかえるための準備をしている恒星なんじゃよ。」

お年寄りの赤い星！

▶▶ 主系列星さんたちが年をとった姿がわしらなんじゃ。これまでより何百倍も大きくなり、表面の温度は下がって、見た目は赤くなっているんじゃよ。

▶▶ わしらの行く末は、質量によってちがうんじゃ。みんなにはわしらの運命を知っておいてほしいのう。

天文トリビア

✦ 赤色巨星になるときは、もとの大きさの100倍くらいまでふくれあがる
✦ 恒星の1つである太陽も、50億年後くらいには赤色巨星になる
✦ 青い星の表面温度は約3万℃以上、赤い星は約3000℃

どんな天体？

わしらは主系列星さんたちが、年をとった姿なんじゃ。長い間、内部で核融合反応をおこし光り輝いてきたわしらじゃが、もうそろそろ燃料の水素がなくなりそうなんじゃよ。水素が少なくなってきたわしらは、ふくれあがって、表面の温度が下がって、見た目は赤色になっておるよ。

赤色巨星じいちゃんは、太陽ちゃんと同じくらいの質量の恒星が年をとった姿じゃよ。もう100億年以上も生きてきたのう。

赤色超巨星じいさんは、質量が太陽ちゃんの8倍以上もある恒星が年をとった姿で、赤色巨星じいちゃんよりも大きくふくれあがっておるよ。質量が大きい分、赤色巨星じいちゃんよりも寿命が短くて、数百万〜数千万歳くらいなんじゃ。

その後、どうなる？

赤色巨星じいちゃんは、そのまま10億年ほどすごして、燃料の水素を使いきると、ガスやチリを宇宙にふき出しながら縮んでいくんじゃ。やがて惑星状星雲さん（→53ページ）になり、中心に白色矮星さん（→53ページ）という星が残るんじゃよ。みんなになじみ深い恒星である太陽ちゃんも、この運命をたどると考えられておるのう。

赤色超巨星じいさんは、内部の核融合反応が進むと、中心部に鉄ができるんじゃ。そうなると核融合反応をおこすことができなくなり、急速に縮んでいくんじゃよ。そして最期には超新星さま（→52ページ）という大爆発をおこしてしまうんじゃ。この大爆発は、まるで宝石がきらめくようにキラキラして、とてもきれいなんじゃよ。

知りたい！天文学

表面温度で決まる恒星の色

夜空には、赤く光る星もあれば青く輝く星もあるが、星によってどうして色がちがうのかと、不思議に思ったことはないかな？　じつは、星の色はその表面の温度によって決まっておるよ。表面の温度が高くなるほど青色が強くなり、逆に表面の温度が低いと赤くなるんじゃ。わしらが赤いのは、主系列星さんのときとくらべて表面の温度が低くなっているからじゃよ。

恒星は年をとると、温度が下がって赤くふくれあがるんだね！

超新星さま

> わたしは新しい星ではなく、恒星の最期の姿なんですよ。

最期をむかえた星の大爆発！

▶▶ 赤色超巨星じいさんは、最期にきらびやかな大爆発をおこします。それこそが、わたしの正体「超新星爆発」なのです。

▶▶ 超新星爆発がおきたあとの赤色超巨星じいさんは、中性子星くん（→55ページ）になったり、ブラックホールくん（→54ページ）になったりしますよ。

天文トリビア

✦ 超新星爆発はたった1回で、太陽の一生分と同じエネルギーをはなつ

✦ 超新星爆発で飛び散った物質は、数万年ほど超新星残骸をつくり、その後、数億年の間宇宙をただよい、一部は新しい星の材料になる

どんな天体？

わたしの「超新星」っていう名前を聞くと、すごく新しい星だと思う人が多いかもしれませんね。でも、じつはわたしは新しいどころか、恒星の最期の姿なのです。

赤色超巨星じいさんは、最期をむかえると「超新星爆発」と呼ばれている大爆発をおこします。このきらびやかな大爆発こそ、まさにわたしの姿なのですよ。

超新星爆発は、すさまじいエネルギーを宇宙にはなちます。そのため、地球くんからわたしを見ると、とても明るく輝いて、まるで夜空に突然新しい星が生まれたように見えるのです。地球くんに住む人びとが、わたしに「超新星」という名前をつけたのは、そういったことが理由なのでしょう。

超新星の正体は、赤色超巨星がおこす大爆発だったということだね。

その後、どうなる？

わたしの爆発はものすごいので、赤色超巨星じいさんの外側のガスは加熱されて飛び散って、超新星残骸さん（→63ページ）になります。「残骸」という名前からは想像できないほど、とても美しいんですよ。

また、主系列星さんのころ、太陽ちゃんの8～30倍くらいの質量だった赤色超巨星じいさんは、超新星爆発をおこしたあと、中心部に小さくて重い天体を残す場合があります。これが中性子星くんです。さらに、主系列星さんのころに、質量が太陽ちゃんの30倍以上あった赤色超巨星じいさんは、超新星爆発をおこしたあとに、ブラックホールくんをつくるのです。つまり、赤色超巨星じいさんのその後の運命は、質量によって決まるということですね。

わたしのファミリー

惑星状星雲さん(外)　白色矮星さん(内)

この2つの天体も恒星の最期の姿です。太陽ちゃんの8倍以下の質量の恒星は、赤色巨星じいちゃんになったあと不安定な状態になり、ガスが流れ出して惑星状星雲さんになります。そして、中心部がむき出しになり、白色矮星さんとして残るのです。白色矮星さんは、最初のうちは多少の明るさがあるのですが、数十億年かけてだんだん冷えて暗くなって、「黒色矮星」と呼ばれるようになります。

ブラックホールくん

光も飲みこむ真っ黒な天体!

おいらに近づくと危険だよ。2度と出られなくなるからね。

▶▶ おいらは、質量がとっても大きい赤色超巨星じいさんが超新星爆発をおこしたときに、できる天体なんだ。

▶▶ おいらはものすごい重力をもっているよ。だから、いったんおいらのなかに入ったら光でさえも抜け出すことはできないんだ。

天文トリビア

- ✦ もし地球がブラックホールになるとするなら、直径2cmくらいにつぶれる
- ✦ ブラックホールに飲みこまれた物体がどうなるかは、まだわかっていない
- ✦ 中性子星はとても重く、角砂糖1個分の大きさで100億tもある

どんな天体?

おいら、ブラックホール。きみたちは、おいらにどんなイメージをもっている? なんだか得体の知れない不気味なやつだなって感じているんじゃないかな? それは無理もないことなのさ。だって、おいらはきみたちには見えないからね。

主系列星さんのころ、質量が太陽ちゃんの30倍以上あった赤色超巨星じいさんは、最期に超新星爆発をおこすよね。この大爆発で残った星の中心部分は、自分の重さにたえきれなくて、もうこれ以上は無理という大きさまでつぶれてしまうんだ。そのギリギリまでつぶれた天体がおいらなのさ。

おいらはものすごい重力のもち主だから、いったんなかに入ってしまうと、光でさえも抜け出すことができないぞ。

その後、どうなる?

きみたちに見えないおいらだけど、たしかに存在することがわかる現象があるよ。おいらはそばに恒星があると、その恒星のガスを吸いこんでしまうんだ。そのとき、おいらのまわりには「降着円盤」っていうガスの円盤ができて、おいらの中心からは、吸いこまれなかったガスやチリのジェットが上下にふき出すんだ。

超新星爆発によってできるおいらは、正しくは「恒星質量ブラックホール」っていう名前なのさ。ほかにも、多くの銀河さま(→64ページ)の中心には「超巨大ブラックホール」がいると考えられているよ。将来、この超巨大ブラックホールは、おいらのようなブラックホールなどを飲みこんで、さらに巨大化するんだって。

おいらのファミリー

中性子星くん

主系列星さんのころ、太陽ちゃんの8〜30倍くらいの質量だった赤色超巨星じいさんは、超新星爆発のあとに中性子星くんになるんだ。中性子星くんの直径は20kmほどだけど、質量は太陽ちゃんと同じくらいもあって、密度がとっても大きいんだ。自転の周期は0.01秒から30秒と超高速なんだよ。

超巨大ブラックホールは、恒星質量ブラックホールが合体をくり返してできると考えられているよ。

銀河と銀河をつくる

球状星団ばあちゃん

星団コンビ

散開星団ちゃん

星座ちゃん

　宇宙ではさまざまな天体が集まって、より大きな天体をつくっているんだ。ここにいるぼくたちは、そのような集合をしてできた天体だよ。
　星座は、地球から宇宙をながめていた人びとが、いくつかの恒星を結んで、動物や道具、神様などに見立てたものだよ。つまり、星座は人間がつくったもので天体ではないんだけど、地球のみんなには身近なものらしいから、いっしょに登場してもらったんだ。
　星団は恒星がたくさん集まってできた天体。2つのタイプがあって、若い恒星が集まってできたのが散開星団で、お年寄りの恒星が集まったのが球状星団なんだ。

天体

星雲くん

銀河さま

　宇宙に浮かぶ雲のように見えるのが星雲だよ。地球のみんなが見ている空に浮かぶ雲とはちがって、宇宙のガスやチリが集まってできた雲のような天体のことなんだ。星雲はその見え方によって、輝線星雲、反射星雲、暗黒星雲の３つに大きく分けられるよ。星雲は恒星が生まれ育つ場所だから、「星のゆりかご」って呼ばれることもあるんだ。
　恒星や星団、星雲など、いろいろな天体が集まった宇宙の島のようなものが銀河だよ。宇宙には銀河がたくさんあるんだけど、太陽や地球が属している太陽系がある銀河は「銀河系」とか「天の川銀河」って呼ばれるんだ。

星座ちゃん

今夜も星空でわたしを見つけてね！

夜空を美しく彩る！

▶▶ わたしは、地球くんから夜空に見える恒星と恒星を結んで、動物や道具、神様などに見立てたものなの。

▶▶ 地球くんの公転によって、春夏秋冬の季節ごとに見えるわたしが変わるのよ。

天文トリビア

- 南半球のオーストラリアでは、日本とは上下さかさまに星座が見える
- 星はほんの少しずつ動いているため、星座の形も数万年単位で変化している
- 面積が最大の星座はうみへび座で、最小の星座はみなみじゅうじ座

どんなもの？

夜空に輝くたくさんの星。そんな星空を見て、感動したことはないかしら？ その星のほとんどは恒星といって、自分の力で光り輝くことができる天体なのよ。

地球くんから見えるいくつかの恒星を結んで、動物や道具、神様などに見立てたものが、このわたし、星座なの。わたしを最初につくったのは、いまから4000～5000年ほど前のメソポタミア地方（現在のイラク周辺）に住んでいた人びとだといわれているわ。

その後、いろいろな国や人が勝手にわたしをつくるようになって、問題が出てきてしまったの。そこで、1928年に世界の天文学者が集まった会議で、世界共通の88個に統一されたのよ。

> 星座をつくっている星と星の間は、地球からは近くに見えるけれど、じつは何百光年もの距離があるのよ！

こんな星座がいるよ

わたしは、春夏秋冬の季節によって見えるものが変わるのよ。なぜってそれは、地球くんが太陽ちゃんのまわりをまわっているから。地球くんが毎日少しずつ位置を変えているから、そのつみ重ねで、季節ごとに見えるわたしが変わっていくってわけなの。

春の夜空で1番目立つのは北斗七星をふくむおおぐま座。夏は七夕の織姫と彦星として知られる星をもつ、こと座とわし座に注目よ。秋は神話で有名なペガスス座、冬はオリオン座を楽しんでほしいわ。

ちなみに、生まれた日によって決まる星占いの自分の星座は、誕生日の夜空に見ることはできないのよ。なぜって、誕生日の星座は太陽ちゃんと同じ方向にあって、夜じゃなくて昼間の空にいるからなの。

知りたい！天文学

見かけの明るさをしめす等級

星の明るさは「等級」によって決められているわ。等級が小さいほど、明るく見えるってことよ。等級の数字が1つ増えるごとに明るさは約2.5倍暗くなるから、1等級の天体は6等級の天体より100倍明るいの。1等級より明るい天体は0等級、さらに明るい天体はマイナスの等級となるのよ。

> 等級は地球から見たときに感じる見かけの明るさなんだ。星そのものの明るさをしめすものには「絶対等級」があるよ。

星団コンビ

あたしらは、年のはなれたコンビなのよ。

夜空に輝く恒星の集団！

散開星団ちゃん

球状星団ばあちゃん

▶▶ 散開星団ちゃんは、若い恒星たちが集まってできていて、青白く光るんだよ。

▶▶ 球状星団ばあちゃんは、お年寄りの恒星たちが集まって、球のような形をしているよ。

▶▶ 散開星団ちゃんはおうし座のプレアデス星団が有名。球状星団ばあちゃんの代表は、ヘルクレス座のM13星団だね。

天文トリビア

✦ 星団をつくる恒星たちは、ほぼ同時に生まれたきょうだい星
✦ 「すばる」の語源は古語の「統べる」で、「まとめる」という意味
✦ M13星団を発見したのは、ハレー彗星で有名な天文学者エドモンド・ハレー

どんな天体？

あたしらは、恒星がたくさん集まってできているわ。散開星団ちゃんと球状星団ばあちゃんの2つの種類がいるんだよ。

散開星団ちゃんは若い恒星の集まり。若いといっても数千万～数億歳くらいなんだけどね。数十～数千個の若い恒星がまばらに集まって、青白く光っているよ。銀河系のなかでは、およそ1000もの散開星団ちゃんが確認されているわね。

球状星団ばあちゃんは、100億歳以上のかなり年をとっている恒星の集まりだよ。数万から数百万個もの恒星が丸くぎっしり集まっていて、中心部にいくほど密集しているわね。球状星団ばあちゃんは銀河系で150くらい見つかっているよ。

> 星団は、恒星の集団っていうことなんだね！

こんな星団がいるよ

散開星団ちゃんのなかで有名なのはプレアデス星団よね。えっ！ 知らないって？ じゃあ、「すばる」っていったらわかるかしら？ 「すばる」っていうのは、プレアデス星団の日本での呼び名だよ。120個くらいの恒星の集まりで、おうし座のなかで明るく光っているから肉眼でも見えるわね。

地球くんの北半球の空で、もっとも明るく見える球状星団ばあちゃんが、ヘルクレス座のM13星団。M13星団は約50万もの恒星が集まってできていて、とても美しい姿をしているよ。

球状星団ばあちゃんは、全体の重力が大きいから時間が経っても1つにまとまっているけど、散開星団ちゃんは時間が経つと、恒星どうしがバラバラにはなれてしまうんだよ。

知りたい！天文学

星団や星雲の名前にある"M"

たとえば、プレアデス星団は「M45」、オリオン大星雲は「M42」と、"M"がついた名前で呼ばれることがあるんだ。この"M"は、18世紀のフランスの天文学者メシエ（Messier）の頭文字の"M"なんだよ。メシエは、自分が観測した星団や星雲くん、銀河さまをカタログにして番号をつけたんだけど、このカタログの番号とメシエの頭文字の"M"を組み合わせて、「M45」などと呼ばれるようになったんだ。このカタログを「メシエカタログ」っていうんだよ。

星雲くん

宇宙に浮かぶ「星のゆりかご」！

「星雲」っていう名前だけど、星じゃないよ！

▶▶ ぼくはガスやチリがたくさん集まってできているんだ。星が生まれたり育ったりする場所だから、「星のゆりかご」って呼ばれているよ。

▶▶ ぼくは見え方によって、輝線星雲、反射星雲、暗黒星雲の3つに分けることができるんだ。

天文トリビア

◆ ウルトラマンの故郷である「M78星雲」は、オリオン座に本当にある
◆ ケンタウルス座のブーメラン星雲は、宇宙で1番寒いところといわれている
◆ 輝線星雲と反射星雲をまとめて「散光星雲」と呼ぶことがある

どんな天体？

みんなの住む地球くんには、空にフワフワ浮かぶ雲があるよね。じつは、宇宙にも雲のように見える天体があるんだよ。それがぼく、星雲なんだ。

みんなが見ている地球くんの雲は、水の小さなしずくや氷の粒からできているよ。それに対して、宇宙にいるぼくはガスやチリからできているんだ。宇宙にはガスやチリがたくさんあるんだけど、ふつうはあっちこっちに散らばっているんだ。でも、ところどころでガスやチリが集まって濃くなる場所があって、それがぼくってわけなんだ。

ぼくは新しい恒星が生まれて、一人前になるまで育つ場所でもあるから、「星のゆりかご」って呼ばれることもあるんだよ。

> 「星のゆりかご」なんてロマンチックで、ステキな呼び方ね！

こんな星雲がいるよ

ぼくは見え方によって、輝線星雲、反射星雲、暗黒星雲の3つに分けられるよ。

輝線星雲は、近くにいる恒星から紫外線を受けた影響で、自分で光るよ。オリオン座のオリオン大星雲や、いて座の干潟星雲がよく知られているんじゃないかな？

反射星雲は、自分では光らずに近くの恒星の光を反射して輝くんだよ。代表的なものに、プレアデス星団を囲むメローペ星雲がいるよ。とっても美しく光っているんだ。

暗黒星雲は、ガスやチリがとっても濃くなって、うしろにある星の光をさえぎって黒く浮かび上がるんだ。原始星ぼうや（→46ページ）が生まれるところでもあるよ。馬の頭のような形をしたオリオン座の馬頭星雲が有名なんだ。

ぼくのファミリー

超新星残骸さん

超新星さま（→52ページ）が爆発したあと、ふき飛ばされたガスは数千から数億℃にまで加熱されて、光をはなって星雲として残るんだ。これが超新星残骸さんだよ。「残骸」という名前だけど、キラキラしてとってもきれいで、数万年間も輝き続けると考えられているんだ。

> 輝線星雲、反射星雲、暗黒星雲の3つのほかに、超新星残骸や惑星状星雲（→53ページ）も星雲の一種だよ。

銀河さま

宇宙に浮かぶ島！

わたくしは、さまざまな天体が集まってできた島といえますのよ。

▶▶ わたくしは、恒星や惑星のほか、ガスやチリなど、数百億から数千億個もの天体が集まって、つくられていますわ。

▶▶ わたくしには、うず巻きやだ円などいろいろな形があって、宇宙のあっちこっちに浮かんでいますの。

天文トリビア

✦ 宇宙には、数億光年もの範囲で銀河がほとんどない「ボイド」という空間がある
✦ 銀河系の直径は約10万光年（kmであらわすと、1の後に0が15個）
✦ 銀河系の質量は約400正kg（4の後に0が42個もつく大きな数）

どんな天体？

わたくし、銀河ともうしますわ。わたくしのことは、宇宙に浮かぶ島のようなものだと考えれば、わかりやすいと思いますの。恒星や惑星、星雲くんをつくるようなガスやチリは、宇宙のなかでバラバラに散らばって存在しているわけではなく、1つの島に集まっているんですわ。その島というのが、わたくしですの。また、わたくしにはダークマターさん（→70ページ）のような正体不明の物質もふくまれているとか、中心に超巨大ブラックホール（→55ページ）がいるとか、考えられていますわ。わたくしを構成する天体は、数百億から数千億個もあるみたいですのよ。

そんなわたくしは1つだけではなく、広い宇宙にたくさん浮かんでいますの。形もさまざまで、大きく5種類に分けられますわ。

こんな銀河がいるよ

地球くんに住むみなさまにとって、もっとも身近なわたくしは、地球くんがいる太陽系をふくむ「銀河系」だと思いますわ。最近では、「天の川銀河」とも呼ばれていますわね。ちなみに、「惑星」のなかの「火星」のように、「銀河系」はわたくし「銀河」の1つですのよ。名前はほとんど同じですけれど、おまちがえにならないでくださいませ。

銀河系は、中心部の「バルジ」、そのまわりに丸くうずを巻いているように見える「銀河円盤」、さらに外側に球形で広がる「ハロー」という3つの部分からできていますわ。横から見ると、真ん中のバルジは上下にふくらんでいて、銀河円盤はうすくなっていますの。目玉焼きを横から見たような感じといえば、わかっていただけるかしら？

知りたい！天文学

銀河の種類

わたくしの5つの種類をご紹介するわ。中心部からうず巻きが出ている「うず巻き銀河」、うず巻き銀河の中心部が棒状になっている「棒うず巻き銀河」、ラグビーボールのような形をしている「だ円銀河」、凸レンズの形をしている「レンズ状銀河」、決まった形がない「不規則銀河」がありますわ。うず巻き銀河や棒うず巻き銀河は若い恒星が多く、だ円銀河はお年寄りの恒星が多くいますのよ。

銀河系は、棒うず巻き銀河の1つなんだって！

宇宙の歴史・なぞ・

ビッグバンかあさん

「宇宙はどうやって生まれたんだろう」とか「宇宙はなにでできているんだろう」とか、天文学者たちはその答えを求めて、いろいろなことを調べたり考えたりしてきたんだ。ここにいるぼくたちは、そうやって研究されてきた現象や物質などだよ。

いま、宇宙は「無」からはじまり、時間とともにふくらんでいると考えられているんだ。あるとき、「無」の状態から急速にふくれだした宇宙は、火の玉のようなとても熱い状態になったんだよ。それが宇宙のもとの姿といわれるビッグバンなんだ。

天文学が進歩するにつれて、宇宙のさまざまなことが明らかにされてきたよ。それでもこれ

観測

ダークエネルギーさん
ダークマターさん
天体望遠鏡くん

までにわかっていることは、宇宙全体の4～5パーセントくらいのことでしかないんだ。まだまだ宇宙には、わからないものがたくさんあるってことだね。そのわからないものこそ、ダークマターやダークエネルギーと名づけられた物質や力なんだ。

さっき「宇宙のさまざまなことが明らかにされてきた」っていったけど、それは人間が宇宙の観測を行ってきたからできたこと。その観測で活躍してきたのが天体望遠鏡だよ。そしていまも、すぐれた天体望遠鏡によって観測は行われているんだ。だから、そう遠くない未来に、ダークマターやダークエネルギーの正体が明らかになるかもしれないよ。

ビッグバン かあさん

宇宙のはじまりの姿！

わたしは宇宙のかあさん、火の玉宇宙よ！

▶▶ 宇宙は「無」から生まれて、一瞬でふくらんだあと、ものすごい高温・高密度になったわ。その姿がわたしなのよ。

▶▶ 宇宙は誕生してからいままで、約137億年間ずっとふくらみ続けて、いまの大きさになったの。

天文トリビア

✦ ビッグバンの温度は約1兆℃もあったが、現在の宇宙は**マイナス約270℃**

✦ インフレーションのとき、宇宙は**10兆倍のさらに10兆倍**にふくらんだ

✦ 誕生から約38万年後におきた「宇宙の晴れあがり」で、宇宙は**透明**になった

どんな現象？

宇宙は、とてつもなく大きくて広いわね。でも、むかしからこんなに大きく広かったわけじゃないの。

いまから約137億年前、宇宙は無からはじまったのよ。「無」といっても、まったくなんにもなかったわけじゃなくて、原子より小さな粒が生まれたり消えたり、「ゆらぎ」がある状態だったの。宇宙はゆらぎのなかから誕生して、1秒にも満たない、想像できないくらい短い時間で一気にふくらんだの。そして、ものすごい高温で高密度の火の玉のようになったのよ。この状態こそがわたし、ビッグバンなの。

つまり、わたしは宇宙のはじまりの姿だっていうことができるわね！

宇宙が「無」から一瞬でふくらんだことを、「インフレーション」というよ。

その後、どうなる？

わたしのものすごい熱によって、宇宙はさらにふくらみはじめたんだけど、すぐに原子のもとになる物質ができたの。ちなみに、宇宙の誕生からその物質ができるまでは、たった1秒間くらいのできごとよ。

原子が生まれたのは、宇宙の誕生から約38万年後。最初にできた原子は、水素やヘリウムの原子で、それらの原子から星ができるのは、さらに数億年後のことなの。そのあいだ、宇宙はどんどんふくらんで大きくなって、温度も下がっていったのよ。

宇宙はずっと同じ大きさをしていたわけじゃなくて、だんだんふくらんで、いまの大きさになったのよ。そして、いまもふくらみ続けているわ。宇宙がこのままふくらみ続けたら、その未来はどうなるのかしら？

知りたい！天文学

宇宙の未来はどうなる？

宇宙はやがてふくらむことができなくなって縮みはじめ、最後には小さな点になるという考え方があるわ。また、ふくらむスピードを上げながら、どんどんふくらみ続け、最終的にはバラバラになるという説や、ふくらむスピードを下げながらも、永久にふくらみ続けるという説もあるのよ。みんなはどうなると思う？

どのくらい先かはわからないけれど、宇宙が終わってしまう可能性もあるのね！

ダークマターさん

質量と重力をもつなぞの物質！

早くあたしの正体をつきとめてみなさい！

▶▶ あたしは人間にとって正体不明な物質だから、「ダークマター」（暗黒物質）というちょっとこわそうな名前で呼ばれているわ。

▶▶ あたしは目に見えないし、観測されたこともない物質さ。でも、質量と重力をもっているのよ。

天文トリビア

- ✦ 宇宙の成分のうち、正体がわかっている4〜5％は「バリオン」と呼ばれる
- ✦ 1933年、ダークマターの存在に世界で最初に気がついたのは、アメリカで活躍した天文学者 フリッツ・ツビッキー

どんな物質？

あなたがた人間は、宇宙の姿をずいぶん明らかにしてきたわね。そのすばらしい努力は評価してあげるわ。でも、宇宙にはまだまだ解明されていないものがたくさんあるのよ。その1つが、人間によって「ダークマター」（暗黒物質）と名づけられた、あたしなのさ。

宇宙にはたくさんの星はもちろん、ガスやチリなどの星間物質があるわ。でも、このような人間が観測できるものは、宇宙を構成する成分のうち、わずか4〜5％ほどしかないのよ。それ以外は、わたしのように目に見えないし、観測もできないから、正体が不明なものなの。ちなみに、宇宙全体の成分のうち約23％はあたしよ！　あたしがいなければ宇宙は成り立たないってことね。

> なぞの物質があるなんて、宇宙は奥が深いな……。

ダークマターの正体とは？

正体不明なあたしが存在する証拠の1つを教えてあげるわ。それは、うず巻き銀河（→65ページ）の内側の星と外側の星が同じ速さでまわっているということよ。ふつうは、中心から遠い星ほどゆっくりまわるものだけど、うず巻き銀河の外側の星がそうならないのは、なにかの物質の重力によって、引っぱられているとしか考えられないのさ。その重力をもった未知の物質こそ、あたしというわけ。

これまで、中性子星くんやブラックホールくん（→54〜55ページ）、ニュートリノちゃんなどが、あたしの正体ではないかと考えられたこともあったけど、けっきょくみんなちがうことがわかったわ。宇宙のなぞを解明したいんだったら、早くあたしの正体をつきとめることね！

あたしのファミリー

ニュートリノちゃん

ニュートリノちゃんは「素粒子」と呼ばれるすごく小さな粒よ。あたしの正体の候補にあがったこともあったけど、研究の結果、ちがうってことがわかったのさ。超新星爆発（→53ページ）で生まれるニュートリノちゃんを世界で初めて観測したのは、日本の物理学者の小柴昌俊博士よ。

> ニュートリノは観測することがむずかしいから、「幽霊粒子」って呼ばれているんだ。

ダークエネルギーさん

宇宙をふくらませる力！

あたいのエネルギーがなんなのか知りたい？

▶▶ あたいは宇宙にある成分のなかで1番多く、73％もしめているのよ。

▶▶ 宇宙はスピードをあげながらふくらんでいるんだけど、スピードアップをさせているエネルギーがあたいなんだ。

天文トリビア

✦ ダークエネルギーは宇宙に均一に満ちていて、その影響で、宇宙は毎秒約70kmの速さでふくらみ続けている

✦ ダークエネルギーは、宇宙論研究者マイケル・ターナーが1998年に命名した

どんなエネルギー？

あたいはダークマターさんと同じく、目に見えないし、観測することもできていないのよ。まだまだ宇宙にはわからないことがいっぱいあるってことね。ダークマターさんは正体不明な物質。そして、あたいは正体不明なエネルギーなのさ。だから、人間たちは、あたいのことを「ダークエネルギー」（暗黒エネルギー）って呼んでいるわ。

あたいがどんな性質をもったエネルギーなのかは、まったくわかっていないの。みんなには、とにかくすごく力もちってことだけは、教えといてあげるわね。

そんな正体不明なあたいは、宇宙全体の成分のうち1番多くて、なんと73％くらいもしめているのよ！

> ダークエネルギーは、宇宙の誕生にも大きくかかわっていると考えられているらしいわ！

ダークエネルギーの正体とは？

あたいは正体不明なのに、なぜ存在することがわかったのか不思議でしょう？ それは、宇宙がふくらんでいることに関係しているのよ。

人間たちのいろいろな観察によって、宇宙はふくらんでいることがわかったんだけど、むかしは時間が経つにつれて、ふくらむスピードは遅くなっていくと考えられていたの。でも、実際はスピードアップしていることがわかって、人間たちはすごくおどろいたみたいね。そのスピードアップさせている力がわたし、ダークエネルギーなのよ。

宇宙をふくらませるなんて、すごい力でしょう？ あたいの正体は、真空がもっているエネルギーだっていう考えもあるけど、本当のことはまだわかっていないわ。

あたいのファミリー

反重力くん

地球くんでリンゴを上に投げたら下に落ちてくるのは重力のせいね。でも、もしその重力をなくしたり、少なくしたりする力があったら、リンゴははるかかなたに飛んでいってしまうわよね。こうした重力とは反対にはたらく力が反重力くんなのよ。あたいも反重力くんの1つともいえるのさ。だから、あたいは宇宙がふくらむスピードをアップさせることができるってわけ。

天体望遠鏡くん

宇宙のなぞを解き明かす！

> これからも宇宙のなぞ解きに挑戦していきます！

▶▶ わたくしは、新しい星を発見したり、さまざまな天体の動きを明らかにしたりしてきました。

▶▶ 光や電波をとらえる望遠鏡もあれば、宇宙空間で観測する望遠鏡もあるのです。

天文トリビア

- ✦ ガリレオ・ガリレイは、メガネ職人が発明したレンズで望遠鏡をつくった
- ✦ すばる望遠鏡の性能を人間の視力と同じようにあらわすと「視力100」
- ✦ ハッブル宇宙望遠鏡の名前は、天文学者エドウィン・ハッブルが由来

どんな役割？

人間は大むかしから星を見上げ、その美しさを楽しんできました。しかし、いつしか星はただ見上げるものではなく、研究するものになりました。最初のうちは、肉眼での観測だったそうですが、1609年、はじめて望遠鏡を使って本格的な天体観測をしたのは、17世紀の天文学者ガリレオ・ガリレイです。ガリレオがつくった望遠鏡は、わたくしのご先祖さまといえるでしょう。

自己紹介が遅れましたが、わたくしは天体望遠鏡ともうします。役割はもちろん、宇宙のさまざまな天体やそれらがおこす現象を観測すること。目に見える光はもちろんのこと、目に見えない電波なども観測して、新たに星を見つけたり、いろいろな天体の動きを明らかにしたりしてきたのです。

どんな天体望遠鏡がいるの？

わたくしは時代とともに大きくなってきました。なぜなら、大きければ大きいほど、遠い宇宙のかすかな光や電波をとらえることができるからです。

日本で有名なわたくしといえば、ハワイ島のマウナケア山頂にある、国立天文台の最大の望遠鏡「すばる望遠鏡」ではないでしょうか。すばる望遠鏡は、126～129億光年はなれた銀河さまをいくつも観測しています。

ほかにも、「ハッブル宇宙望遠鏡」のように、地球くんから打ち上げられて、宇宙で天体のようすを観測しているわたくしもいます。宇宙から観測すれば、天体との間にじゃまになるものが少ないので、宇宙の新しい一面を知ることができるというわけなのです。

知りたい！天文学

太陽系を探る探査機

太陽系の天体をよりくわしく観測するなら、探査機で近くまで行くのが1番です。たとえば、アメリカが打ち上げた惑星探査機「ボイジャー1号・2号」は、木星さんや土星くんをはじめ、さまざまな天体を観測しました。また、「キュリオシティ」は火星ちゃんに着陸した探査車です。火星ちゃんの表面を走行しながら観測しているのです。日本も、「はやぶさ」などの探査機を打ち上げています。

天体望遠鏡や探査機によって、宇宙のなぞが解明されてきたということだね！

天文キャラクターリスト

太陽
▷太陽系の中心的存在。
▷まわりに、8つの惑星がまわっている。
→p.14

金星
▷大きさや質量が地球と似ている。
▷太陽系で表面温度が1番高い惑星。
→p.22

地球
▷太陽系で唯一生きものがいる惑星。
▷水や酸素がたくさんある。
→p.16

火星
▷赤くさびた砂や岩石におおわれている。
▷太陽系でもっとも大きい火山がある。
→p.24

月
▷地球のただ1つの衛星。
▷表面にたくさんのクレーターがある。
→p.18

木星
▷太陽系で1番大きな惑星。
▷「大赤斑」という大きなうず巻きがある。
→p.26

水星
▷太陽系でもっとも小さく、太陽に近い惑星。
▷昼と夜の温度差が激しい。
→p.20

土星
▷氷や岩石の粒でできた大きなリングがある。
▷水に浮かぶくらい密度が小さい。
→p.28

天王星
▷自転軸が横だおしになっている。
▷黒っぽいリングがある。
→p.30

彗星
▷水や二酸化炭素の氷に、チリが混ざってできている。
▷「ほうき星」とも呼ばれる。
→p.40

海王星
▷太陽系でもっとも太陽から遠くにあり、表面温度がもっとも低い惑星。
→p.32

流星
▷正体は宇宙のチリ。
▷たくさん降りそそぐものを「流星群」という。
→p.42

準惑星
▷惑星よりも小さな天体。
▷現在、準惑星に分類されている天体は5つ。
→p.36

原始星
▷生まれたばかりの恒星の姿。
▷「星間物質」が集まった「暗黒星雲」で生まれる。
→p.46

小惑星
▷無数にある小さな天体。
▷集まって「小惑星帯」や「トロヤ群」をつくっている。
→p.38

主系列星
▷安定しているときの恒星の姿で、恒星の一生のなかでもっとも期間が長い。
→p.48

赤色巨星 赤色超巨星
▷質量が大きい恒星が、最期をむかえる前の姿。
▷ふくれあがって、赤くなっている。　→p.50

星団
▷恒星がたくさん集まってできた天体。
▷「散開星団」と「球状星団」の2種類がある。　→p.60

超新星
▷質量がとても大きい恒星の最期の姿。
▷「超新星爆発」という大爆発をおこしている。　→p.52

星雲
▷ガスやチリが集まってできた天体。
▷3つの種類に分けられる。　→p.62

ブラックホール
▷質量がとても大きい赤色超巨星が、超新星爆発をおこしてできる天体。　→p.54

銀河
▷恒星や星団、星雲などが集まってできた天体。
▷5つの種類に分けられる。　→p.64

星座
▷恒星を結んで動物や道具、神様などに見立てたもの。
▷季節ごとに見える星座はちがう。　→p.58

ビッグバン
▷高温・高密度の宇宙のはじまりの姿。
▷「火の玉宇宙」ともいう。　→p.68

ダークマター
▷ 質量と重力をもつ、正体不明な物質。
▷ 「暗黒物質」とも呼ばれる。
→p.70

天体望遠鏡
▷ 宇宙の光や電波などをとらえて、天体や天体の動きなどを観測する。
→p.74

ダークエネルギー
▷ 宇宙をふくらませる正体不明なエネルギー。
▷ 「暗黒エネルギー」とも呼ばれる。
→p.72

天文を知って、夜空を見上げてみよう！

テンモン星人の案内で、天文をめぐるたんけんを終えた天太と文代。2人はたくさんの天体やその地形、現象などと出会い、その不思議がよくわかりました。みなさんも天文について知って、夜空を見上げてみてね。

[監修者紹介]

渡部 潤一（わたなべ・じゅんいち）

国立天文台教授・副台長
太陽系のなかの小さな天体（彗星・小惑星・流星など）を観測・研究している。
天文にまつわる書籍の執筆・監修は多数。講演やテレビ番組出演などを通して、天文学をわかりやすく伝える活動に力をいれている。

[イラストレーター紹介]

いとうみつる（いとう・みつる）

広告デザイナーを経てイラストレーターに転身。ほのぼのとした雰囲気の中、"ゆるくコミカル"な感覚のキャラクター作成を得意とする。

- 本文テキスト　香野健一
- デザイン・編集・制作　ジーグレイプ株式会社
- 企画・編集　株式会社日本図書センター

宇宙の不思議がまるごとよくわかる！
天文キャラクター図鑑

2016年 6月25日　初版第1刷発行

監修者	渡部 潤一
イラスト	いとうみつる
発行者	高野総太
発行所	株式会社 日本図書センター
	〒112-0012　東京都文京区大塚3-8-2
	電話　営業部 03-3947-9387
	出版部 03-3945-6448
	http://www.nihontosho.co.jp
印刷・製本	図書印刷 株式会社

©2016 Nihontosho Center Co.Ltd.　Printed in Japan
ISBN978-4-284-20384-5　C8044